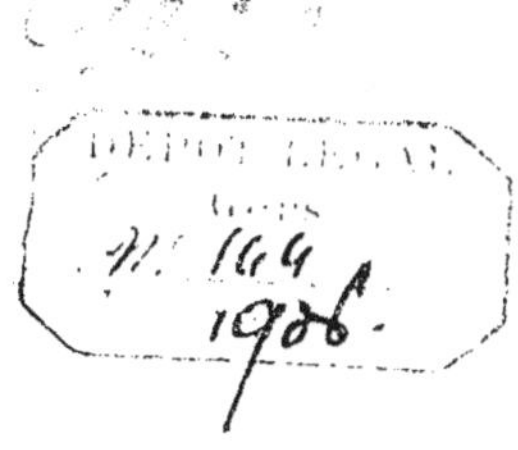

Une

Erreur Musicale

par

S. ODIER

Colonel du Génie en retraite.

AUCH
IMPRIMERIE CENTRALE, RUE DE BELFORT, 5

1906

Une Erreur Musicale

par

S. ODIER

COLONEL DU GÉNIE EN RETRAITE

Une

Erreur Musicale

par

S. ODIER

Colonel du Génie en retraite.

AUCH

IMPRIMERIE CENTRALE, RUE DE BELFORT, 5

1906

Une Erreur Musicale

———o———

I.

C'est du *Tempérament égal* que je veux parler.

J'ai déjà signalé quelques-uns de ses défauts dans ma brochure intitulée « Perfectionnement du système musical par un emploi plus étendu des séries de sons harmoniques ».

Je vais démontrer aujourd'hui que le Tempérament provient *très vraisemblablement* d'une erreur commise dans la fabrication industrielle des antiques syrinx (flûtes de Pan), erreur qui, dans la suite des siècles, passa de la syrinx dans l'orgue.et, de l'orgue, dans nos instruments modernes à sons fixes.

Voici comment j'ai été amené à découvrir cette erreur.

Un jour que je feuilletais « la Musique » de M. Lavignac, l'image d'une antique syrinx retint longuement mon attention. J'y comptai 26 brins de roseau liés ensemble jointivement par rang de taille sur deux bâtonnets. La longueur des tuyaux paraissait varier de 0^m, 10 à 0^m, 40 environ. Leurs sons fondamentaux fourniraient donc une gamme chromatique d'un peu plus de deux octaves .

Je traçai l'épure géométrique de cet instrument, en supposant les tuyaux établis par quintes justes successives (fig.3, 4, et tableaux A et B de la planche). Cette épure fut pour moi un trait de lumière.

Les extrémités des axes des tuyaux équidistants (fig. 4) dessinent une ligne polygonale sinueuse dont les sommets sont alternativement saillants et rentrants. excepté de *fa*♯ à *la*♭. La sinuosité est très peu sensible dans le dessin et se confond presque avec une courbure continue.

La sinuosité fut certainement encore moins apparente dans l'instrument lui-même dont les tuyaux étaient assemblés grossièrement. Les copistes de la syrinx, ainsi établie, n'aperçurent sans doute pas la sinuosité. A la ligne polygonale ils substituèrent inconsciemment une courbe continue concave qui donna le Tempérament égal, ou presque égal (fig. 5). Ainsi introduit dans la fabrication industrielle de la syrinx, le Tempérament passa de là dans l'orgue antique où. suivant Pindare (ve siècle avant J.-C.), « les sons s'échappent à travers

un mince airain ou des roseaux », puis dans les orgues du moyen âge qui la transmirent à tous nos instruments à sons fixes.

Le calcul exact du tempérament égal a été fait par Lambert (1728-1777) qui a trouvé $\sqrt[12]{2}$ pour la valeur des douze demi-tons, supposés égaux, de la gamme chromatique. Nous savons, par le témoignage de Rameau, que le tempérament, égal ou presque égal, existait dans les instruments à touches avant l'année 1737 dans laquelle parut son ouvrage intitulé « Génération harmonique » où il indique le meilleur moyen de réaliser le tempérament.

Il est donc certain que le tempérament égal, ou presque égal, a existé dans l'orgue, avant que l'on connût la valeur mathématique des douze demi-tons supposés égaux. Lambert n'avait que 9 ans en 1737.

La courbe du tempérament égal est une exponentielle qui n'a pu être trouvée mathématiquement par les anciens ; car ils n'ont connu ni les exposants ni la géométrie analytique. Les exponentielles des syrinx déformées ne sont qu'approximatives. L'exponentielle exacte est excessivement voisine de la ligne sinueuse des douze quintes justes (1). Toute autre courbe continue concave, tracée un peu au-dessus ou un peu au-dessous de l'exponentielle exacte, s'écarterait davantage du polygone sinueux des douze quintes justes. Le tempérament égal est donc, de tous les tempéraments, celui qui se rapproche le plus de la série des douze quintes justes. Or, suivant Rameau, « il est évident que la seule quinte fait l'harmonie. » Telle est sans doute la raison de la préférence instinctive donnée au tempérament égal par de célèbres musiciens tels que Rameau, S. Bach,... Le *clavecin bien tempéré* de S. Bach est un clavecin tempéré aussi également que possible.

Reste à démontrer la *vraisemblance* de l'hypothèse d'après laquelle la syrinx primitive fut établie par quintes justes successives. Cette démonstration m'oblige à remonter jusqu'à l'origine de la musique, aux temps préhistoriques.

——o——

(1) Voir « Perfectionnement du système musical..... » art. 26 et planches 3 et 3 *bis*.

II.

Comment les Musiciens primitifs ont pu découvrir la loi des sons harmoniques *(Planche, fig. 1)*.

———o———

Le premier, qui souffla par hasard dans une baguette de roseau vidée de sa moëlle, entendit sortir de là un son qui plut à son oreille. Il souffla un peu plus fort et obtint un deuxième son plus aigu, plus haut. Il souffla de plus en plus fort et obtint des sons de plus en plus aigus, Ces sons ont reçu de l'antiquité grecque le nom de *sons harmoniques*. On en joua de petits airs analogues aux fanfares de nos clairons. On s'en servit pour accompagner des chants. Plusieurs primitifs soufflèrent ensemble dans leurs tuyaux de roseau, et ce fut un charivari. Ils cherchèrent à s'accorder. Essayons de suivre leurs tâtonnements *en leur prêtant notre langage en musique et en mathématiques.*

On compara les sons produits par des tuyaux de roseau, ouverts ou fermés, de longueurs diverses. On préféra les tuyaux ouverts dont les harmoniques sont plus nombreux et plus rapprochés les uns des autres. On en tira cinq, six harmoniques ou un peu plus. On constata que les harmoniques étaient d'autant plus aigus et d'autant moins nombreux que les tuyaux étaient plus courts.

Comparant les sons de deux tuyaux, I, très court, II de longueur double, on constata que le premier son, le plus bas, ou son fondamental, du tuyau I, était de même hauteur que le 2e son du tuyau II. On mit ces deux sons à la même hauteur au-dessus d'une horizontale zéro. Quant au 1er son du tuyau II, on jugea naturel de le placer au milieu de la hauteur (II,2) ; car on ne vit aucune raison de le placer plus haut ou plus bas que ce milieu. Il fut donc admis que, pour un tuyau de roseau quelconque, le 2e son harmonique était deux fois plus haut que le son fondamental, 1. Par suite, l'harmonique 2 du tuyau I fut placé à une hauteur (I, 2) double de la hauteur (I, 1) du son fondamental.

On constata ensuite que l'harmonique 2 du tuyau I était de même hauteur que l'harmonique 4 du tuyau II. La hauteur (II, 4), étant double de la hauteur (II, 2), est donc quadruple

de la hauteur (II, 1). On en conclut que, pour un tuyau quelconque, l'harmonique 4 est quatre fois plus haut que le son fondamental.

L'harmonique 3 du tuyau II fut placé naturellement au point milieu de la distance des sons 2 et 4 de ce tuyau ; car on ne vit aucune raison de le placer plus haut ou plus bas. On en conclut que l'harmonique 3 d'un tuyau quelconque est trois fois plus haut que le son fondamental.

On prit un tuyau III, triple, en longueur, du tuyau I. On constata que les harmoniques 3 et 6 du tuyau III étaient de même hauteur que les harmoniques 2 et 4 du tuyau II, et que les harmoniques 1 et 2 du tuyau I. On expérimenta encore un tuyau IV, quadruple, un tuyau V, quintuple du tuyau I..... On constata que leurs harmoniques (IV, 4), (V, 5),..... étaient de même hauteur que les harmoniques (III, 3), (II, 2), (I, 1).

Complétant, sur la figure, les échelles harmoniques des tuyaux jusqu'à une certaine hauteur, on constata que, dans la réalité comme sur la figure, les harmoniques 1, 3, 5 du tuyau II s'intercalaient entre les sons 1 et 2, 4 et 5, 7 et 8, du tuyau III; que les sons 1, 2, 4, 5 du tuyau III s'intercalaient entre les sons 1 et 2, 2 et 3, 5 et 6, 6 et 7 du tuyau IV, etc. Ces intercalations n'auraient pas eu lieu en général si les harmoniques de chaque tuyau n'avaient pas été également espacés en hauteur. L'expérience confirme ainsi le raisonnement par lequel le son 1 du tuyau II a été placé au milieu de la hauteur (II, 2), le son 3 au milieu de l'intervalle des sons 2 et 4, etc.

De ces expériences, faites sur des tuyaux de roseau ouverts aux deux extrémités, les musiciens primitifs conclurent que :

1° Pour des tuyaux ouverts de diverses longueurs, les hauteurs des sons fondamentaux sont en raison inverse des longueurs ;

2° Pour un même tuyau ouvert, les hauteurs croissantes des divers sons harmoniques sont entr'elles comme les nombres entiers de la suite naturelle 1, 2, 3, 4, 5,....

Cette loi des sons harmoniques, pour les tuyaux ouverts, est exactement la même que celle qui a été trouvée par les physiciens des temps modernes au moyen de la théorie des vibrations sonores. Il faut bien qu'elle ait été démontrée, ou devinée, par les anciens, puisque des savants, tels que Pythagore (v1e siècle avant J.-C.) et Ptolémée (11e siècle après J.-C.) ont dû nécessairement s'en servir pour calculer les hauteurs et intervalles des sons musicaux, et que les physiciens modernes ont trouvé les mêmes nombres pour ces hauteurs et intervalles.

III.
Comment les musiciens primitifs purent inventer la gamme naturelle, et la jouer juste dans ses douze
tons de *ré♭* à *fa♯* (fig. 1, 2, et tableau A de la planche.)

Les primitifs, trouvant trop peu variés les airs donnés par un seul tuyau, essayèrent d'en combiner plusieurs.

La combinaison des tuyaux I et II ne fournit aucun son en sus de ceux d'un tuyau unique. On reconnut que les sons 1 des tuyaux I et II se confondaient lorsqu'ils étaient émis simultanément. Ils sont les *octaves*, ou, selon l'expression de Rameau, les *répliques* l'un de l'autre. De même pour les sons 1 et 2, 2 et 4, 3 et 6 d'un même tuyau. Les cinq ou six ou huit harmoniques d'un tuyau ouvert, en roseau, se groupèrent sous trois espèces distinctes :

Toniques, le son fondamental 1, et ses octaves 2, 4, 8 ;

Quintes, l'harmonique 3 et son octave 6 ;

Tierce, l'harmonique 5.

On voit, fig. 1, que les sons 1, 3, 5, du tuyau II, *sol*, tombent juste au milieu des intervalles (1, 2), (4, 5), (7, 8), du tuyau III, *ut*. La combinaison de ces deux tuyaux parut donc devoir augmenter le nombre des notes disponibles pour le chant. On les lia ensemble, jointifs, les embouchures au même niveau. Le musicien, soufflant tantôt dans l'un, tantôt dans l'autre, produisit cinq notes distinctes *ut*, *ré*, *mi*, *sol*, *si*, et les octaves de quelques-unes de ces notes.

Plusieurs harmoniques du tuyau III correspondent aux intervalles de certains sons du tuyau IV. On eut donc intérêt à combiner aussi ces deux tuyaux, de la manière suivante :

On prit, pour unité, la longueur du tuyau III, *ut* ; la longueur du tuyau II, *sol*, devint $\frac{2}{3}$. On leur adjoignit un troisième tuyau, *fa*, de longueur $\frac{3}{4}$. Celui-ci est au tuyau 1, *ut*, comme le tuyau III, est au tuyau IV ; son harmonique 3 est de même hauteur que la tonique 4 du tuyau *ut* (fig. 2). Le tuyau *fa*, lié aux deux précédents, ajouta deux nouvelles notes, *fa* entre *mi* et *sol*, *la* entre *sol* et *si*. Les trois tuyaux accolés, *ut*, *sol*, *fa*, produisirent les sept notes *ut*, *ré*, *mi*, *fa*, *sol*, *la*, *si* et les octaves de quelques-unes (fig. 2). Ces sept notes forment une gamme naturelle constituée exactement comme la gamme naturelle moderne que nous appelons gamme de Ptolémée.

$$ut_0 \, , \; ré \, , \; mi \, , \; fa \, , \; sol \, , \; la \, , \; si \, . \; ut_1$$

Hauteurs des Sons . $1 \, , \; \dfrac{9}{8} \, , \; \dfrac{5}{4} \, , \; \dfrac{4}{3} \, , \; \dfrac{3}{2} \, , \; \dfrac{5}{3} \, , \; \dfrac{15}{8} \, . \; 2 \, .$

Les musiciens primitifs ne firent pas sans doute ce calcul de la hauteur relative des sept notes ; ils n'en eurent nul besoin pour exécuter sur cette gamme des airs variés.

Deux primitifs, munis chacun d'un assemblage des trois tuyaux *ut*, *sol*, *fa*, jouent de concert. Quand le premier donne l'un des harmoniques du tuyau *ut*, le second donne naturellement le son fondamental du même tuyau *ut* ou l'une de ses octaves. Quand le premier donne un harmonique du tuyau *sol*, le second en donne le son fondamental, ou l'une de ses octaves. De même pour le tuyau *fa*. Harmonie d'une justesse absolue. C'est le système de la basse fondamentale de Rameau (celui où il n'y a pas de Tempérament).

Même système pour l'accompagnement d'une voix humaine par l'assemblage des trois tuyaux. Mais ces trois tuyaux ne furent pas aptes à accompagner toutes les espèces de voix.

Pour accompagner une voix plus haute, on prit un tuyau *sol*, égal au *sol* de la gamme en *ut*, et on lui adjoignit deux autres tuyaux, $\frac{1}{2}$ *ré*, $\frac{1}{2}$ *ut*, ayant, comme longueurs, les $\frac{2}{3}$ et les $\frac{3}{4}$ du tuyau *sol* ; le tuyau $\frac{1}{2}$ *ut* est moitié de celui de la gamme en *ut*. Ce nouvel assemblage de trois tuyaux, tonique, quinte et quarte, donna une gamme naturelle en *sol*, constituée exactement comme la gamme en *ut*, mais plus haute d'une quinte juste. (Tableau A et fig. 2 de la planche). Dans la figure 2, il faut remplacer mentalement les séries harmoniques en *ut* et en *ré* par celles en $\frac{1}{2}$ *ut*, et $\frac{1}{2}$ *ré*, qui sont deux fois plus hautes.

Pour accompagner une voix d'une autre espèce, on fit un troisième assemblage d'un tuyau *ré*, double du précédent, pris comme tonique, avec une quinte, *la*, et une quarte, *sol*.

Troisième gamme naturelle en *ré*, constituée exactement comme les deux précédentes, plus haute d'un ton que la gamme en *ut*.

Quatrième assemblage en *la*, quatrième gamme semblable aux trois précédentes, plus haute d'un ton que la gamme en *sol*.

Cinquième et sixième gammes en *mi* et en *si*.

Septième gamme en *fa*♯, avec un tuyau quinte, *ut*♯, et un tuyau quarte, *si*.

Revenant au premier assemblage en *ut*, on y prit le tuyau *fa* comme tonique en lui adjoignant un tuyau, $\frac{1}{2}$ *ut*, comme quinte, et un tuyau *si*♭, comme quarte. Huitième gamme sem—

blable aux précédentes, plus haute d'un demi-ton que la gamme en *mi*.

9ᵉ, 10ᵉ, 11ᵉ et 12ᵉ gammes en *si*♭ , *mi* ♭ , *la* ♭ , *ré*♭ , semblables aux précédentes. Pour cette dernière les tuyaux de quinte et de quarte sont *la* ♭ et *si*♭ .

On n'alla pas au-delà des tuyaux *ut* ♯ et *sol*♭ , parce qu'on reconnut qu'ils différaient excessivement peu des tuyaux *ré* ♭ et *fa* ♯ , que des gammes en *ut* ♯ et en *sol* ♭ étaient donc inutiles.

Les musiciens primitifs possédèrent ainsi douze gammes naturelles identiquement constituées, variant, par demi-tons à peu près égaux, depuis la plus basse, en *ut*, jusqu'à la plus haute, en *si* (1). Ces douze gammes permirent d'accompagner facilement les voix les plus diverses avec une harmonie parfaite.

Pour obtenir ce magnifique résultat, les musiciens primitifs n'eurent besoin que de savoir :

1° Compter sur leurs doigts jusqu'à cinq, six ou huit ;

2° Découper dans le roseau des tuyaux double, triple, quadruple, quintuple, d'un tuyau très court, pris pour unité (fig.1).

3° Découper dans le roseau des tuyaux égaux aux deux tiers et aux trois quarts d'un autre tuyau pris pour unité (fig. 2).

Ils n'ont pas eu à chercher les valeurs complexes des douze toniques indiquées dans les tableaux A et B de la planche.

---

(1) Les douze demi-tons ont deux valeurs qui diffèrent par le comma de Pythagore, 1,0136 (voir la planche 4, tableau b, du « Perfectionnement... »).

IV

Construction de la Syrinx (flûte de Pan)

Fig. 3, 4. et tableaux A et B, de la planche.

Les douze tuyaux toniques des douze gammes naturelles, de Ptolémée, qui se succèdent par quintes, ou par quartes justes, furent disposés jointivement, par rang de taille, sur une aire plane, les embouchures sur la même ligne. Le tuyau tonique, *ut*, de 0ᵐ, 40 de longueur environ, étant pris pour unité, on ajouta, à la suite du tuyau *si*, douze autres tuyaux, octaves des douze premiers, et enfin, un dernier tuyau, $\frac{1}{4}$, de 0ᵐ, 10 de longueur (fig. 3).

Ces 25 tuyaux, liés ensemble sur deux bâtonnets, formèrent une syrinx, ou flûte de Pan, dont les sons fondamentaux produisirent une gamme chromatique de deux octaves : c'est la gamme chromatique de Pythagore. Le musicien promenant la syrinx sous ses lèvres, put exécuter :

1° La gamme chromatique de Pythagore dans ses douze tons ;

2° Les douze gammes diatoniques de Pythagore dont les cinq tons sont généralement égaux à $\frac{9}{8}$, et les deux demi-tons à $2^8 : 3^5 = \frac{256}{243}$.

3° Les douze gammes naturelles, de Ptolémée, au moyen des sons harmoniques de trois tuyaux, tonique, quinte et quarte, convenablement choisis.

Ainsi, les musiciens primitifs possédèrent, dans la syrinx, un système musical complet d'une justesse absolue. Le berger Pan, qui trouva la loi des sons harmoniques, qui sut assembler trois brins de roseau dans les justes dimensions, 1, $\frac{2}{3}$, $\frac{3}{4}$, qui ensuite assembla les 25 tuyaux de la syrinx, fut mis au rang des Dieux.

Mon hypothèse de l'article I, d'après laquelle la syrinx primitive du dieu Pan dut être construite par quintes justes, est pleinement justifiée par les convenances musicales et par l'histoire des mathématiques. Elle fut le produit immédiat de l'invention des douze gammes naturelles, qui elles-mêmes furent les produits naturels de la découverte de la loi des sons harmoniques dans les tuyaux de roseau ouverts aux deux extrémités. Les syrinx, en tuyaux de roseau très courts, de fabrication courante, furent des déformations de la syrinx juste primitive, des syrinx *Tempérées*, à Tempérament plus ou moins égal (art. I).

Si les hommes primitifs avaient eu immédiatement sous la main des tuyaux plus longs que ceux de roseau, d'un mètre par exemple, le berger Pan aurait construit une octave de syrinx, de 0,50 à 1,00 de longueur, sur laquelle on aurait nécessairement aperçu la sinuosité des bouts des tuyaux et le Tempérament égal n'existerait pas (art. I).

Lorsque dans la suite des siècles, les hommes eurent appris à travailler le bois, les métaux, etc., on fabriqua de longs tubes avec lesquels on put construire de nouvelles syrinx plus étendues. Mais on ne refit pas les calculs primitifs du berger Pan. On se borna à doubler, à quadrupler,..... les longueurs des 13 tuyaux d'une octave de la syrinx *tempérée*.

A ces nouvelles syrinx on imagina d'adapter une soufflerie et l'on eut l'orgue à Tempérament plus ou moins égal, qui est arrivé jusqu'à nous en s'amplifiant et se compliquant de plus en plus.

——«O»——

V.

Apologie du Tempérament par Rameau.

Rameau, qui commença par être organiste, dont l'oreille était par conséquent habituée aux erreurs de la *gamme Tempérée*, s'est efforcé de la justifier, d'en démontrer mathématiquement la nécesssité. Dans son livre intitulé « Démonstration du principe de l'harmonie » il démontre effectivement très bien le principe de l'harmonie juste. Mais, arrivé à la fin, il jette brusquement ce principe par dessus bord et prétend démontrer la nécessité du Tempérament. Ce livre a été approuvé par l'Académie des Sciences (Avis du 10 décembre 1749). Voici les arguments de Rameau et ceux de l'Académie avec mes réponses en regard.

ARGUMENTS DE RAMEAU

Pages 104 et suivantes. — « Toute différence qui consiste dans des *inappréciables* est par conséquent *inappréciable ;* on ne sent point la différence du quart de ton entre le demi-ton majeur et le demi-ton mineur... aussi est-ce sur cette remarque qu'on a fabriqué les instruments à touches où les demi-tons sont égaux, du moins presque égaux ; on sent encore moins la différence du comma entre le ton majeur et le ton mineur... »

« Voilà déjà un fait éclairci : savoir, *l'inutilité de rectifier des différences inappréciables.....* Mais comme nous avons douze quintes, et par conséquent douze demi-tons pour arriver à

RÉPONSES

Ces différences étant inappréciables, il est inutile de les rectifier dans les instruments à touches en rendant les demi-tons égaux ou presque égaux. Rameau reconnaît lui-même cette inutilité.

Ces *inappréciables* ne sont, bien entendu, inappréciables qu'en mélodie. Car, si l'on produit *simultanément* deux sons qui diffèrent d'un *quart de ton* ou d'un *comma*, il y aura de la cacophonie.

ARGUMENTS DE RAMEAU

l'octave, les sons de chacun de ces demi-tons pouvant à leur tour devenir générateurs d'un mode, il ne pourra se faire qu'il ne tombe quelques consonances altérées dans l'harmonie même; il faudra bien, par exemple, que le même *ré* fasse la tierce majeure de *si♭* et la quinte de *sol*....; mais la nature n'y aurait-elle point rémédié par la préoccupation où elle nous tient en faveur des sons fondamentaux, seule et unique cause des effets, et dont l'harmonie toujours sous-entendue..... rectifie à l'oreille quelques légères altérations qui n'ont lieu que dans des produits passagers, mais *étrangers aux corps sonores* représentés par ces sons fondamentaux.....

Pages 109 et 110. — « Ainsi la *nécessité* d'un Tempérament une fois reconnue, et la proportion triple..... contenant en elle seule tous les intervalles diatoniques et chromatiques, mais presque tous altérés....., il ne s'agit plus que de savoir comment s'y prendre, et je ne crois

RÉPONSES

Oui, dans les instruments à sons fixes. Non, dans les instruments à sons continus qui donnent naturellement, dans les deux tons de *si ♭* et *sol*, les deux *ré* différents au moyen des accords parfaits *(si♭, ré, fa)* et *(sol, si, ré)*. Que l'instrument à touches soit établi d'après le Tempérament égal ou d'après toute autre gamme, c'est la même touche qui donnera les deux *ré*.

Ce sont les *corps sonores* eux-mêmes qui sont altérés, puisque les sons fondamentaux, qui les représentent, ne sont autres que les quintes altérées par le Tempérament; et cette altération nuit à l'harmonie.

Ce n'est pas la *nécessité*, mais au contraire, *l'inutilité* du Tempérament qui ressort de l'argumentation de Rameau.

Ils sont *tous* altérés, *sans exception*.

ARGUMENTS DE RAMEAU	RÉPONSES

pas qu'il y ait un meilleur moyen que celui que j'ai proposé dans ma *génération harmonique* (publiée en 1737); il est le seul qu'*indique la nature*, l'expérience y souscrit d'ailleurs..... Conduit, dès ma plus tendre jeunesse, par un instin *(sic)* mathématique dans l'étude d'un art pour lequel je me trouvais destiné.....

Ce moyen, qui consiste à rendre les douze demi-tons aussi égaux que possible, n'est nullement *indiqué par la nature*. Car leur valeur moyenne, $\sqrt[12]{2}$, est une quantité irrationnelle dont le calcul exige une arithmétique supérieure. Le tempérament égal n'a rien de *naturel;* car toutes les notes, sauf la tonique, 1, étant exprimées par des nombres irrationnels, sont en dehors de la série harmonique, qui est la série *naturelle* des nombres entiers. L'oreille est incapable de retenir exactement des rapports irrationnels et, par conséquent, de diriger l'exécution du Tempérament égal. Les douze demi-tons seront plus ou moins inégaux. Les divers instruments ainsi accordés ne seront pas en parfait accord.

Les *à peu près* du Tempérament ne sont pas dans la vérité mathématique.

ARGUMENTS DE L'ACADÉMIE
DES SCIENCES.

Pages XL et XLI. — « ..... Si on étend la proportion triple (voyez A) jusqu'à 13 termes en cette sorte, *si♭, fa, ut, sol, ré, la, mi, si, fa♯, ut♯, sol♯, re♯, la♯*, le dernier de ces termes, savoir *la♯*, étant rapproché du premier 1 ou *si* ♭ par le moyen des octa-

Ces 13 premiers termes sont des quintes doubles successives, représentées, dans le tableau A de Rameau, par une série de puissances entières successives du nombre 3.

si♭, fa, ut, sol, ré, la, mi, si, fa♯, ut♯, sol♯, ré♯, la♯
$1, 3, 3^2, 3^3, 3^4, 3^5, 3^6, 3^7, 3^8, 3^9, 3^{10}, 3^{11}, 3^{12}$

ARGUMENTS DE L'ACADÉMIE

ves, on aura les nombres 524 288 et 531 441 qui diffèrent entr'eux d'un comma appelé comma de Pythagore, quoique, dans les instruments à touches surtout, le *si♭* et le *la♯* soient confondus. De là on voit la *nécessité* absolue d'altérer un peu les intervalles des quintes dans les instruments à touches pour faire coïncider ensemble les deux termes de l'octave qui doivent être parfaitement justes. C'est principalement à cet égard que M. Rameau juge le Tempérament nécessaire; et la règle qu'il prescrit pour y parvenir, consiste à rendre tous les demi-tons le plus égaux qu'il est possible ; par là toutes les quintes sont aussi également altérées; de plus elles ne le sont que de très peu, et à peu près comme les quintes des instruments sans touches (avantages qui n'ont pas lieu dans le Tempérament ordinaire).....

RÉPONSES

Les douze premiers termes, de *si♭* à *ré♯*, rapprochés par le moyen des octaves, forment la gamme chromatique de Pythagore. Le comma, 1,0136, qui différencie les deux valeurs des demi-tons de cette gamme, est beaucoup plus petit que le quart de ton. Il appartient donc à la catégorie des *inappréciables*, qu'il est inutile de rectifier, selon Rameau lui-même.

Le 13ᵉ terme, *la♯*, 3^{12}, est en dehors de la gamme chromatique de Pythagore, formée par les douze premiers. Il ne saurait être considéré comme l'octave de cette gamme. La tonique de la gamme étant *si♭*, 1, son octave est tout simplement le nombre 2. Il en résulte, pour les instruments à sons fixes qui seraient établis d'après cette gamme, un seul inconvénient, très léger : c'est que la quinte fournie par les 1ᵉʳ et 12ᵉ sons, *si♭* et *ré♯*, serait fausse d'un comma. On devrait s'en abstenir en harmonie, mais on pourrait l'employer en mélodie. Les onze autres sont justes, dans le rapport $\dfrac{3}{2}$

Il est donc inutile de faire un Tempérament quelconque, qui a l'inconvénient

ARGUMENTS DE L'ADADÉMIE

Page XLIJ. — Enfoncez les trois touches de l'orgue, *mi, sol, si*, vous n'entendrez que l'accord parfait quoique l'oreille soit affectée à la fois des sons *mi, sol♯, si ; sol, si, ré; si, ré♯, fa♯*. Ces sons *sol♯ ré, ré♯, fa♯*, produisaient, dit M. Rameau, une cacophonie insupportable, si l'oreille venait à les distinguer ; et comme elle n'entend que l'accord parfait, il s'ensuit qu'elle ne les distingue pas. Il en est de même du chant de la voix accompagnée *de plusieurs instruments dont le Tempérament est différent;* car l'altération que cette différence produit n'est point aperçue par l'oreille.

Enfin, indépendamment de toutes ces raisons, M. Rameau affirme que l'expérience n'est pas contraire au Tempérament qu'il propose; et à cet égard, il a acquis le droit d'en être cru sur sa parole.

RÉPONSES.

grave d'altérer toutes les quintes, de fausser toute l'harmonie.

Il est plus naturel et plus simple d'admettre que ces quatre sons *concomitants* sont trop faibles pour être entendus au milieu du fracas des trois sons fondamentaux, *mi, sol, si*. Cette expérience prouve que l'influence des harmoniques concomitants dans l'harmonie est très faible.

Supposons que deux de ces instruments donnent simultanément une même note ayant des sons un peu différents. Il y aura cacophonie.

À l'expérience musicale de Rameau nous avons le droit d'opposer les expériences d'Helmholz d'après lesquelles « les accords du tempérament égal sont désagréables (1). »

---

(1) Daguin, *traité de physique*, article 653.

VI.

Correction de l'erreur du Tempérament.

L'erreur a consisté, comme je l'ai démontré, à déformer inconsciemment la syrinx parfaite du dieu Pan, à y remplacer les douze quintes justes par douze quintes altérées qui ont passé dans l'orgue et dans tous nos instruments à sons fixes. On corrigera naturellement l'erreur en restituant les douze quintes justes à tous les instruments à sons fixes, qui joueront alors les douze gammes, diatoniques ou chromatiques, de Pythagore dans les douze tons de $ré\flat$ à $fa\sharp$.

Les instruments à sons continus joueront les douze gammes naturelles de Ptolémée, ayant, pour toniques, les douze sons fixes de la gamme chromatique de Pythagore ut, $ré\flat$, $ré$.....

Tel est le système musical, semblable à celui de la syrinx juste de Pan (art.IV). que j'ai déjà développé en détail dans le « Perfectionnement..... » Ce système, que j'appelle Ptoléméo-pythagorique, sera, dans la pratique, d'une justesse absolue, moyennant certaines précautions très faciles, que je vais rappeler brièvement :

1° Les gammes diatoniques de Ptolémée et de Pythagore, dans un ton quelconque, diffèrent généralement par trois notes : la tierce, la sixte et la septième, qui sont plus hautes du comma, $\frac{1}{80}$, dans la gamme de Pythagore. Il faudra donc éviter avec soin que, dans un concert, ces notes soient données *simultanément* par les instruments à sons fixes et par les instruments à sons continus. Toutefois, ces trois notes ne diffèrent que d'un millième environ, quantité inappréciable, dans les tons de *la, mi, si* et $fa\sharp$ (sauf la sixte $fa\sharp$ dans le ton de *la* (1).).

2° L'accord de quinte ($fa\sharp$, $ré\flat$) sera faux d'un comma dans les instruments à sons fixes ; il peut figurer dans les tons de $fa\sharp$, de *si* et de $ré\flat$. Ces instruments devront s'abstenir de cet accord ; en revanche, ils pourront peut-être donner l'accord de tierce ($fa\sharp$, $si\flat$) qui sera juste à un millième près.

____

(1) Voir la planche n° 5 du « Perfectionnement..... »

VII.

Expériences comparatives. — Accordages

——o——

Il serait facile à une infinité de musiciens de juger eux-mêmes les deux systèmes musicaux en question, au moyen de la simple expérience ci-après :

1° Duo entre un violon accordé par quintes justes, comme à l'ordinaire, et un piano accordé par le Tempérament égal ;

2° Même duo entre le violon et le piano, accordés tous les deux par quintes justes dans le même ordre, et avec les précautions indiquées ci-dessus.

On comparera les deux exécutions et on jugera.

On sait combien l'accordage du piano par le Tempérament est long, difficile et douteux. La raison en est que la quinte altérée du tempérament ne peut pas être exactement dans l'oreille de l'accordeur, non plus que la valeur, $\sqrt[12]{\dfrac{1}{2}}$, des douze demi-tons supposés égaux. Au contraire, l'intervalle, $\dfrac{3}{2}$, de quinte juste, est infailliblement dans l'oreille de tous les musiciens, ainsi que celui de quarte, $\dfrac{4}{3}$.

Pour opérer le Tempérament égal, l'accordeur commence ordinairement par accorder la partie médiane du piano par quintes justes. Partant de la corde *la* (diapason), il met la corde *mi* à la quinte juste de la corde *la*, puis la corde *si* à la quinte juste de *mi*, la corde *fa*♯ ou *sol*♭ à la quinte juste de *si*, la corde *ut*♯ ou *ré*♭ à la quinte juste de *fa*♯, la corde *sol*♯ ou *lab* à la quinte juste d'*ut*♯, et ainsi de suite pour les cordes *ré*♯ ou *mi*♭, *la*♯ ou *si*♭, *fa*, *ut*, *sol*, *ré*. A ce moment, il constate que la quinte (*ré*, *la*) est fausse d'un comma. C'est le *ré* qui est trop haut. Il se met donc à *tempérer*, c'est-à-dire, à répartir la différence de comma, 0,0136, entre les douze quintes. Il abaisse le *ré* de toute cette quantité, moins un douzième ; ce douzième est à peine sensible à l'oreille. Ensuite, il abaisse le *sol* de toute cette quantité moins deux douzièmes, et ainsi de suite jusqu'à ce qu'il revienne au *la* par un chemin inverse du premier, après avoir rendu les douze demi-tons aussi égaux que possible.

Il est évident que cette répartition ne saurait être bien égale, quelle que soit la marche suivie par l'accordeur.

Si, avant de répartir le comma, on compare les quintes justes du piano avec celles du violon ,on constate que, les deux *la* étant au diapason, la corde *mi* du piano est à l'unisson de la corde *mi* du violon, que les cordes *ré* et *sol* du piano sont plus hautes d'un comma que les cordes *ré* et *sol* du violon ; que la corde *ut* du piano est plus haute d'un comma que l'*ut*, quarte juste du son fondamental de la corde *sol* du violon. Ainsi de suite jusqu'à la corde *ré♭* du piano qui est plus haute d'un comma que le *ré♭*, quinte juste, ou quarte juste, prise sur le violon. Avec ce procédé d'accordage, il y aurait désaccord entre les quintes justes du piano et celles du violon dans les tons de *ré*, *sol*, *ut*, *fa*, *si♭*, *mi♭*, *la♭*, *ré♭*.

Il y aura complet accord entre les douze cordes du piano et les douze quintes justes du violon, si on prend les quintes du piano *dans le même ordre* que celles du violon, de la manière suivante :

Après avoir accordé les cordes *la*, *mi*, *si*, *fa♯*, du piano, par quintes justes en montant, l'accordeur revient à la corde *la*. Alors il tend la corde *ré* de manière qu'elle soit la quinte juste basse de la corde *la* ; puis *sol*, quinte juste basse de *ré*, ou quarte haute de *ré* ;...... ainsi de suite jusqu'à la corde *ré♭*. Comme l'accordeur ne peut pas se tromper dans l'appréciation de la quinte, $\frac{3}{2}$, de la quarte $\frac{4}{3}$, de l'octave, $\frac{2}{1}$, les deux instruments seront absolument d'accord.

Cet accordage, parfaitement juste, sera réalisé en quelques instants.

On accordera, dans le même ordre, de *la* à *fa♯* en montant, et de *la* à *ré♭* en descendant, la harpe chromatique, l'orgue, l'harmonium.

C'est dans ce même ordre encore que l'on devra désormais établir, par quintes justes, les instruments des genres flûte, clarinette.

Les cuivres à pistons devront être construits conformément aux indications de l'appendice D du « Perfectionnement... »

Un orchestre composé d'instruments de toute espèce, accordés ou établis de cette manière et conduit avec les précautions indiquées plus haut (art. VI, donnera une musique d'une justesse absolue.

Au contraire, des instruments, établis d'après la gamme tempérée, ne sauraient être en parfait accord parceque l'oreille est incapable de retenir exactement les rapports des notes de cette gamme.

Table des Matières

ORUE

Observation et compar diverses longueurs,

diverses longueurs,

ORIGINE DE LA MUSIQUE

Observation et comparaison, par les Musiciens primitifs, des Sons Harmoniques de tuyaux en roseau de diverses longueurs, ouverts aux deux extrémités.

Fig. 1.

Loi des Sons harmoniques,

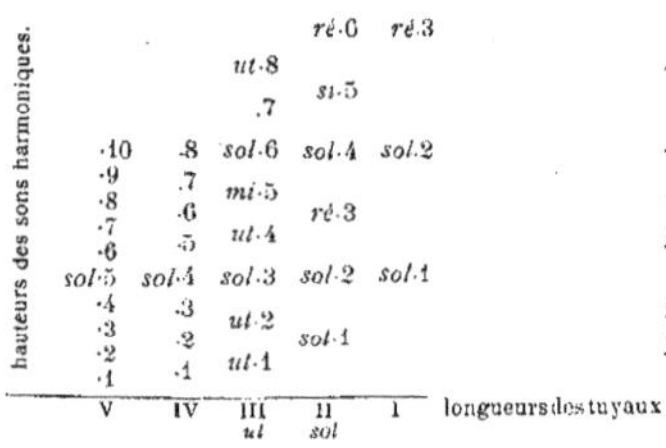

hauteurs des sons harmoniques.

		ré·6	ré·3	
	ut·8			
	.7	si·5		
·10	·8	sol·6	sol·4	sol·2
·9	.7	mi·5		
·8	·6		ré·3	
·7	·5	ut·4		
·6				
sol·5	sol·4	sol·3	sol·2	sol·1
·4	·3			
·3	·2	ut·2	sol·1	
·2	·1	ut·1		
·1				
V	IV	III	II	1
		ut	sol	

longueurs des tuyaux

Fig. 2.

Gammes naturelles diatoniques.

Sons harmoniques d'une série de tuyaux dont les sons fondamentaux se succèdent par quintes justes.

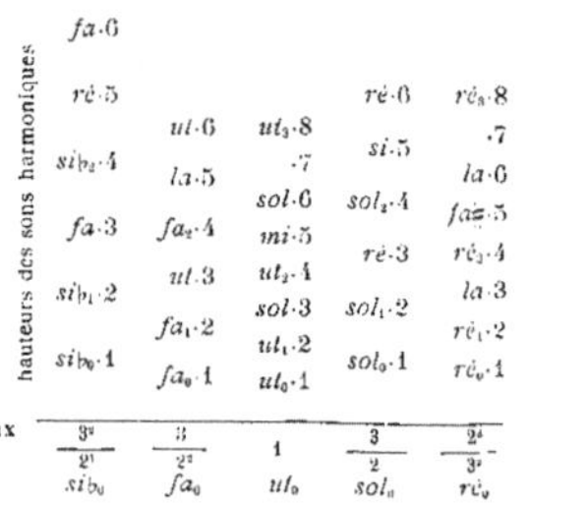

hauteurs des sons harmoniques.

fa·6				
ré·5			ré·6	ré·8
sib·4	ut·6	ut·8	si·5	.7
	la·5	.7		la·6
fa·3	fa·4	sol·6	sol·4	fa♯·5
		mi·5	ré·3	ré·4
sib·2	ut·3	ut·4		la·3
	fa·2	sol·3	sol·2	ré·2
sib·1	fa·1	ut·1	sol·1	ré·1

$\frac{3^3}{2^4}$	$\frac{3}{2^3}$	1	$\frac{3}{2}$	$\frac{2^4}{3^3}$
sib_0	fa_0	ut_0	sol_0	$ré_0$

Tableau A

des douze gammes naturelles diatoniques, produites par douze assemblages de trois tuyaux : tonique, quinte et quarte.

Gamme en ut...
- tonique. $ut_0 = 1 = 1$
- quinte.. $sol_0 = \frac{2}{3}\,ut_0$
- quarte.. $fa_0 = \frac{3}{4}\,ut_0$

Gamme en sol...
- tonique. $sol_0 = \frac{2}{3}\,ut_0 = \frac{2}{3}$
- quinte.. $\frac{1}{2}\,ré_0 = \frac{2}{3}\,sol_0$
- quarte.. $\frac{1}{2}\,ut_0 = \frac{3}{4}\,sol_0$

Gamme en ré...
- tonique. $ré_0 = \frac{4}{3}\,sol_0 = \frac{2^3}{3^2}$
- quinte.. $la_0 = \frac{2}{3}\,ré_0$
- quarte.. $sol_0 = \frac{3}{4}\,ré_0$

Gamme en la...
- tonique. $la_0 = \frac{2}{3}\,ré_0 = \frac{2^4}{3^3}$
- quinte.. $\frac{1}{2}\,mi_0 = \frac{2}{3}\,la_0$
- quarte.. $\frac{1}{2}\,ré_0 = \frac{3}{4}\,la_0$

Gamme en mi...
- tonique. $mi_0 = \frac{4}{3}\,la_0 = \frac{2^6}{3^4}$
- quinte.. $si_0 = \frac{2}{3}\,mi_0$
- quarte.. $la_0 = \frac{3}{4}\,mi_0$

Gamme en si...
- tonique. $si_0 = \frac{2}{3}\,mi_0 = \frac{2^7}{3^5}$
- quinte.. $\frac{1}{2}\,fa\sharp_0 = \frac{2}{3}\,si_0$
- quarte.. $\frac{1}{2}\,mi_0 = \frac{3}{4}\,si_0$

Gamme en fa♯...
- tonique. $fa\sharp_0 = \frac{4}{3}\,si_0 = \frac{2^9}{3^6}$
- quinte.. $ut\sharp_0 = \frac{2}{3}\,fa\sharp_0$
- quarte.. $si_0 = \frac{3}{4}\,fa\sharp_0$

Gamme en fa...
- tonique. $fa_0 = \frac{3}{4}\,ut_1$
- quinte.. $\frac{1}{2}\,ut_0 = \frac{2}{3}\,fa_1$
- quarte.. $sib_0 = \frac{3}{4}\,fa_0$

Gamme en si♭...
- tonique. $sib_0 = \frac{3}{4}\,fa_0$
- quinte.. $\frac{1}{2}\,fa_0 = \frac{2}{3}\,sib_0$
- quarte.. $\frac{1}{2}\,mib_0 = \frac{3}{4}\,sib_0$

Gamme en mi♭...
- tonique. $mib_0 = \frac{3}{4}\,sib_0$
- quinte.. $sib_0 = \frac{2}{3}\,mib_0$
- quarte.. $lab_0 = \frac{3}{4}\,mib_0$

Gamme en la♭...
- tonique. $lab_0 = \frac{3}{4}\,mib_0$
- quinte.. $\frac{1}{2}\,mib_0 = \frac{2}{3}\,lab_0$
- quarte.. $\frac{1}{2}\,réb_0 = \frac{3}{4}\,lab_0$

Gamme en ré♭...
- tonique. $réb_0 = \frac{3}{4}\,lab_0$
- quinte.. $lab_0 = \frac{2}{3}\,réb_0$
- quarte.. $solb_0 = \frac{3}{4}\,réb_0$

Fig. 3 à l'échelle de $\frac{1}{10}$.

Syrinx (flûte de Pan) chromatique, de 25 tuyaux, deux octaves.

Les tuyaux sont équidistant et représentés par leurs axes.

$ut_0 \qquad fa_0 \quad sol_0 \qquad ut_1 \qquad fa_1\, sol_1 \qquad ut_2$

Tableau B

des longueurs des treize tuyaux d'une octave de la syrinx, et de leurs différences, 1res et 2es, en dix-millième.

LONGUEURS		DIFFÉRENCES	
$ut_0\ 1$	10 000		
$ré♭_0\ \frac{3^7}{2^{11}}$	= 9 492	508	— 95
$ré_0\ \frac{2^4}{3^2}$	= 8 889	603	+152
$mi♭_0\ \frac{3^3}{2^4}$	= 8 438	451	— 86
$mi_0\ \frac{2^6}{3^4}$	= 7 901	537	+136
$fa_0\ \frac{3}{2^2}$	= 7 500	401	— 76
$fa♯_0\ \frac{2^9}{3^6}$	= 7 023	477	+121
$sol_0\ \frac{2}{3}$	= 6 667	356	+ 17
$la♭_0\ \frac{3^4}{2^6}$	= 6 328	339	— 63
$la_0\ \frac{2^4}{3^3}$	= 5 926	402	+101
$si♭_0\ \frac{3^3}{2^5}$	= 5 625	301	— 57
$si_0\ \frac{2^7}{3^5}$	= 5 267	358	+ 91
$ut_1\ \frac{1}{2}$	= 5 000	267	

Fig. 4 à l'échelle de $\frac{1}{2}$.

Ligne polygonale sinueuse des extrémités des axes des treize tuyaux d'une octave de la syrinx.

ut_0 — 808 — ré♭ — 603 — ré — 451 — mi♭ — 637 — mi — 401 — fa — 477 — fa♯ — 356 — sol — 339 — la♭ — 402 — la — 301 — si♭ — 358 — si — 267 — ut_1

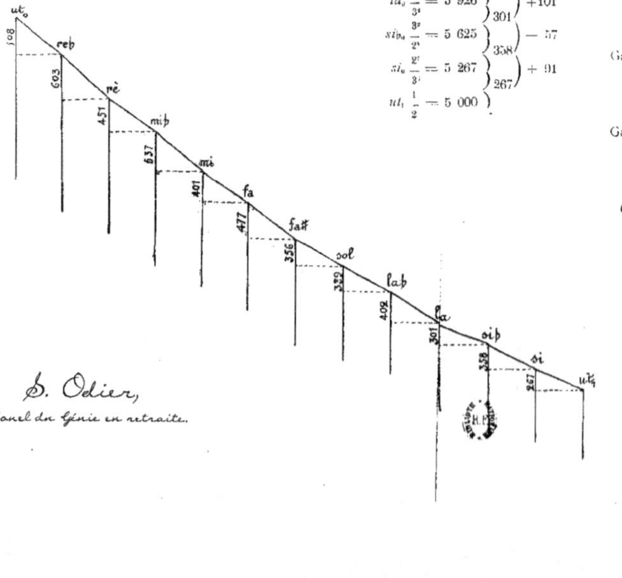

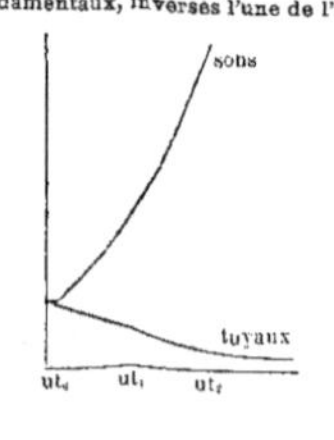

Fig. 5.

Courbes exponentielles des tuyaux et de leurs sons fondamentaux, inverses l'une de l'autre.

D. Odier,
Colonel du Génie en retraite.